中国红木家具制作图谱②

床榻类

|主 编：李 岩｜策 划：纪 亮｜

中国林业出版社

图书在版编目（CIP）数据

中国红木家具制作图谱.②，床榻类 / 李岩主编 . —— 北京：中国林业出版社，2017.1
（大国匠造系列）

ISBN 978-7-5038-8815-1

Ⅰ.①中… Ⅱ.①李… Ⅲ.①床 – 红木科 – 木家具 – 制作 – 中国 – 图谱 Ⅳ.① TS664.1-64

中国版本图书馆 CIP 数据核字 (2016) 第 303794 号

大国匠造系列编写委员会

◎ 编委会成员名单
主　　编：李　岩
策　　划：纪　亮
编写成员：李　岩　　马建房　　栾卫超　　卢海华　　刘　辛　　赵　杨　　徐慧明　　佟晶晶
　　　　　刘　丹　　张　欣　　钱　瑾　　翟继祥　　王与娟　　李艳君　　温国兴　　曾　勇
　　　　　黄京娜　　罗国华　　夏　茜　　张　敏　　滕德会　　周英桂　　李伟进　　梁怡婷

◎ 特别鸣谢：中国林产工业协会传统木制品专业委员会
　　　　　　 中南林业科技大学中国传统家具研究创新中心

中国林业出版社 · **建筑与家居出版分社**

责任编辑：纪　亮
文字编辑：纪　亮　王思源

出版：中国林业出版社
（100009 北京西城区德内大街刘海胡同 7 号）
http://lycb.forestry.gov.cn/
电话：（010）8314 3518
发行：中国林业出版社
印刷：北京利丰雅高长城印刷有限公司
版次：2017 年 3 月第 1 版
印次：2017 年 3 月第 1 次
开本：235mm×305mm　1/16
印张：16
字数：200 千字
定价：328.00 元（全套 6 册定价：1968.00 元）

前言

　　中华文化源远流长，在人类文明史上独树一帜，在孕育中华传统文化的同时更孕育出中国独有的家具文化。从中国家具文化史上看，明清是家具发展的高峰期。明代，手工业的艺人较前代有所增多，技艺也非常高超。明代江南地区手工艺较前代大大提高，并且出现了专业的家具设计制造的行业组织。《鲁班经匠家镜》一书是建筑的营造法式和家具制造的经验总结。它的问世，对明代家具的发展和形成起了重大的推动作用。到清代，明式硬木家具在全国很多地方都有生产，最终形成了以北京为核心的京作家具，以苏州为核心的苏作家具，以及以广州为核心的广作家具。明清家具的辉煌奠定了中国家具在世界家具史上的高度。

　　明清家具的发展史，也是中国红木与硬木家具的发展史。中国的匠人历来讲究的是因才施艺，对匠人的理解也是独特的，匠人乃承艺载道之人也。正所谓："匠人者身怀绝技之人是也，悟道铭于心，施艺凭于手，造物时手随心驰，心从手思，心手相应方可成承艺载道之器，器之表为艺，内则为道，道为器之魂、艺为器之体，缺艺之器难以载道，失道之器无可承艺，故道艺同存一体，不可分也。"

　　然而，由于种种原因，到了近现代中国传统红木家具的制作技艺并没有随着时代的发展而繁荣，大量的家具技艺成为国家的非遗保护项目，很多的技艺面临失传。党的十八大以来，国家越发重视制造业，重视匠人，并提出"匠人精神"、工匠兴国的发展理念。国家重视匠人，重视传统文化、重视传统家具，然匠人缺失，从业无标准可依托。本套图书及在这种背景下产生，共分为6册，分别为椅几类、柜格类、台案类、沙发类、床榻类、组合和其他类，收录了明清在谱家具和新中式家具6000余款，为了方便读者的学习，内容力求原汁原味的反映出传统家具技艺，并通过实物图、CAD三视图、精雕效果图多角度全方位展示。图书不仅展现了家具的精美外观，更解析了家具的精细结构，用尺寸比例定义中国红木家具的科学和美观。本套图书收录的家具经过编者的细心挑选，在谱的一比一还原复制，新中式比例得当样式精美，每一件家具都有名有款。

　　本套图书集设计、制作、收藏、鉴赏全流程的红木家具，力求面面俱到，但因内容繁复，难免有误，欢迎广大读者批评指正。

编者

目 录

富贵八仙大床

款式点评：

此床床头方正的床头背板浮雕纹饰，床板宽阔，床板下挡板浮雕纹饰，整体方正大气。雕刻百鸟朝凤寓意家庭和睦，幸福美满。

透视图

透视图

主视图

侧视图

俯视图

透视图

主视图

侧视图

俯视图

透视图

精雕图

CAD 结构图

贵　　妃　　榻

———— 透视图 ————

款式点评：

此床为榻形贵妃榻，是古代汉族妇女小憩用的榻，面较狭小，可坐可躺，制作精致，形态优美，故名"贵妃榻"。雕刻凤穿牡丹图，寓意家庭和美。

主视图

俯视图

侧视图

精雕图

CAD 结构图

架 子 床

透视图

款式点评：

架子床汉族卧具。床身上架置六柱，顶端有顶板，顶板下有围栏格子，床板四周有两层梳条围栏，床板正面背面下分三段，有两根圆柱，整体简洁空灵，给人以简约美。

主视图

俯视图

侧视图

CAD 结构图

2010

40

200 | 220 | 55 | 260 | 55 | 258 | 55 | 260 | 55 | 220

2040

365

38

460

35

80

60

CAD 结构图

园林风光大床

款式点评：

此床床头搭脑向上凸起，外框雕有卷云纹。床面下有束腰，牙板和床腿相连，床脚内翻马蹄。牙板光素，背板大面积的园林风光雕刻使整张床显得大气端庄。床头柜圆角喷出，面下有屉，屉脸装黄铜拉手。

透视图

主视图

俯视图

侧视图

主视图

侧视图

俯视图

透视图

精雕图

CAD 结构图

—— CAD 结构图 ——

花 鸟 大 床

款式点评：

此床形态较为方正，床头部分搭脑向上凸起，背板分三屏，各雕刻花鸟纹饰，接近床板仍有三屏，两侧雕圆形纹饰，中间雕花卉纹饰，床身侧面有挡板，挡板光素无雕饰，床头柜圆角喷出，有三屉，屉脸装有黄铜拉手。

透视图

主视图

侧视图

俯视图

透视图

透视图

主视图

俯视图

侧视图

精雕图

床榻類

CAD 结构图

CAD 结构图

床榻類

百 子 大 床

款式点评：

此床形态较为方正，床头弧形靠背板，浮雕百子纹饰，床板光素宽阔，床面下有高束腰，束腰浮雕纹饰，床牙板浮雕纹饰，腿方直且短。床头柜有两屉，屉脸浮雕花纹，方腿直足内翻马蹄。

透視圖

主视图

侧视图

俯视图

透视图

主视图

俯视图

侧视图

CAD 结构图

精雕图

CAD 结构图

樱木背板大床

款式点评：

此床床头搭脑向上凸起，下有回纹格子衔接，弧形靠背板分三块，两侧为金色楠樱木，中间浮雕梅花纹饰，床面宽阔，床尾有挡板，顶端有回纹攒接做装饰，整体显得大气端庄。床头柜面上有回纹栏板，面下柜膛，下有两屉，屉脸装黄铜拉手。

透视图

透视图

主视图

俯视图

侧视图

—— CAD 结构图 ——

—— CAD 结构图 ——

主视图

侧视图

俯视图

透视图

—— CAD 结构图 ——

—— 精雕图 ——

鸳 鸯 大 床

款式点评：

此床床头方正平直，床头靠背板雕饰鸳鸯纹式，床面宽阔，床尾没有挡板，床头下顶端有回纹攒接做装饰，整体显得大气端庄。床头柜面上有回纹栏板，面下柜膛，下有两屉，屉脸装黄铜拉手。

透视图

主视图

侧视图

俯视图

透视图

精雕图

主视图

俯视图

侧视图

CAD 结构图

—— CAD 结构图 ——

新中式大床

款式点评：

此床床头弧形弯曲，正中向上突起，床头靠背板雕饰纹式，床头板两侧护板中间镶嵌樱木，床面宽阔，床尾有挡板，挡板与床头呼应，同样为弧形。整体显得大气端庄。床头柜面下有三屉，屉脸装黄铜拉手。

透视图

主视图

俯视图

侧视图

主视图

侧视图

俯视图

透视图

CAD 结构图

精雕图

床
榻
類

———— CAD 结构图 ————

花 鸟 大 床

款式点评：

此床床头板呈阶梯式向上突起，床头靠背板雕饰风景纹式，床头板两侧护板中间同样有雕饰，床面宽阔，床尾没有挡板，床板下有高束腰，腿面与牙板同样浮雕纹式，腿方直脚内翻。床头柜面下有屉，屉下有柜，柜面为金丝楠木，整体大气端庄。

透視圖

主视图

俯视图

侧视图

主视图

侧视图

俯视图

透视图

精雕图

—— CAD 结构图 ——

CAD 结构图

床榻類

弧 形 大 床

款式点评：

此床为弧形靠背板，靠背板为两块深色檀木板，床面宽阔光素，床尾设挡板。床下有脚。床头柜柜面圆角喷出，面下有两屉，屉面有铜环拉手。

透视图

主视图

俯视图

侧视图

主视图

侧视图

俯视图

透视图

精雕图

———— CAD 结构图 ————

拐 子 大 床

款式点评：

此床床头板搭脑呈卷书状，靠背板边框为回形纹，靠背板浮雕拐子纹，床板宽阔，面下有束腰，牙板雕云纹，腿方直脚内翻。床头柜面下有两屉，屉面有铜环拉手，腿方直短小。

———— 透视图 ————

主视图

俯视图

侧视图

透视图

主视图

侧视图

俯视图

透视图

—— CAD 结构图 ——

镂 空 大 床

款式点评：

此床床头板中间有板，四周镂空装饰，靠背板分三块

光素无雕饰，床板梳条状，床面宽阔，床尾设挡板，挡

板光素。床板下有罗锅枨加矮老形。床头柜面下有两屉，

屉面有铜环拉手，腿间罗锅枨加矮老，整体华丽精巧。

透视图

主视图

俯视图

侧视图

主视图　　　　　　　　　　侧视图

俯视图　　　　　　　　　透视图

CAD 结构图

酸 枝 大 床

款式点评：

此床床头板较高，向后弯曲，中间有两块镶金丝楠板，床板光素宽阔，床尾设挡板，挡板上有回形纹。大床整体较高，简洁大气。

透视图

主视图

俯视图

侧视图

透视图

主视图

侧视图

俯视图

———— CAD 结构图 ————

园 林 风 光 大 床

款式点评：

此床床头板呈阶梯状，靠背板浮雕园林纹式，靠背板下有三块板，上浮雕花纹，床面宽阔，床尾无挡板，床板下高束腰，束腰浮雕纹式。牙板浮雕纹式，床腿较短，足内翻。床头柜面下有一屉，屉面下有柜，柜面浮雕纹式，大床整体雕工精美。

透视图

主视图

俯视图

侧视图

透视图

主视图

侧视图

俯视图

————— CAD 结构图 —————

———— CAD 结构图 ————

———— 精雕图 ————

95

雕　龙　大　床

款式点评：

此床床头板方正，搭脑呈卷书状，靠背板浮雕龙纹，床板梳条状，床面宽阔，床尾不设挡板，腿内翻，下有托泥，下设托泥脚。床腿较短。床头柜面下有两屉，屉面有铜环拉手，整体大气庄严。

床榻類

主视图

俯视图

侧视图

主视图

侧视图

俯视图

透视图

精雕图

———— CAD 结构图 ————

床榻類

101

如意大床

款式点评：

此床床头板方正，中间线上凸起浮雕纹式，靠背板呈弧形，靠板中间浮雕如意纹式。床面宽阔，床尾设挡板。挡板正中浮雕如意纹。床头柜面下有两柜，屉面柜面浮雕纹式。整体古朴大气。

透视图

主视图

俯视图

侧视图

透视图

主视图

侧视图

俯视图

透视图

精雕图

CAD 结构图

CAD 结构图

床榻類

107

洋花大床

款式点评：

此床靠背板为弧形，靠背板上端正中浮雕花纹，背板两侧有花纹雕饰。床体方正，床尾设挡板，挡板浮雕纹式。床头柜面下有两屉，屉面柜面光素无雕饰。整体美观大气。

透視圖

主视图

俯视图

侧视图

透视图

主视图

侧视图

俯视图

透视图

精雕图

CAD 结构图

床榻類

—— CAD 结构图 ——

雕 龙 大 床

款式点评：

此床床头板呈阶梯状向上突起，靠背板分四块，分别浮雕龙纹，大床床头两侧侧板呈两翼状展开，侧板面浮雕龙纹。床板光素，床体两侧侧板浮雕龙纹，床尾有挡板，浮雕龙纹。床头柜面下有三屉，屉面浮雕龙纹。整体给人大气祥瑞的感觉。

床榻類

透视图

主视图

俯视图

侧视图

主视图

侧视图

俯视图

透视图

精雕图

CAD 结构图

CAD 结构图

雕 心 大 床

款式点评：

此床床头背板搭脑向上突起，靠背板边沿浮雕回纹，靠背板呈弧形后曲，靠背板中间浮雕花纹。床板光素，床体较高，床尾有挡板。床头柜面下有两屉，屉面光素。整体装饰精巧，美观耐用。

透视图

主视图

俯视图

侧视图

透视图

主视图

侧视图

俯视图

透视图

CAD 结构图

— CAD 结构图 —

— 精雕图 —

床榻类

素 板 大 床

款式点评：

此床床头背板上搭脑为一根圆杆，下有梳条状杆状衔接，靠背板呈弧形后曲，靠背板中间浮雕花纹。床板光素，床体较高，床尾有挡板，挡板与床头类似。床头柜面下有三屉，屉面光素。有铜环拉手，整体装饰精巧，美观耐用。

透视图

主视图

俯视图

侧视图

透视图

主视图

侧视图

俯视图

透视图

床榻類

CAD 结构图

圆 环 架 子 床

———— 透视图 ————

款式点评：

此床为架子床。床面上三面围子，围子为圆环形攒接，床面下有罗锅枨，圆形矮老，床顶板下有围挡，中间圆环装饰。整体空灵大气，美观实用。

主视图

侧视图

双面浮雕罗汉床

———— 透视图 ————

款式点评：

此床造型优美华丽，面上后左右三面装有围子，围板上雕有花纹。侧面围板双面浮雕花纹，面下有束腰，牙板与床腿相连，直腿内翻马蹄足，牙板和床腿光素无雕饰，形式经典，样式大方美观。

主视图

侧视图

俯视图

透视图

主视图

侧视图

俯视图

透视图

—— 精雕图 ——

—— CAD 结构图 ——

CAD 结构图

三屏素面罗汉床

—— 透视图 ——

款式点评：

此床采用三屏状床帏，围板光素无雕饰，面板下无束腰，方腿直足内弯马蹄。整床装饰通体光素，造型古朴优美，给人一种自然优雅、清丽脱俗之感。

主视图

侧视图

俯视图

——— CAD 结构图 ———

明 式 罗 汉 床

—— 透视图 ——

款式点评：

背板和扶手处皆以棂格状镂空，中间留有圆形空白，下方雕有卷草纹样；面板光素，内翻式马蹄，安有罗锅枨，牙板处雕有回纹。脚榻面板素净，有束腰，鼓腿彭牙，整体雕饰精巧美观大气。

主视图

侧视图

俯视图

——— CAD 结构图 ———

窗棂攒边罗汉床

款式点评：

此罗汉床分三面围板。床面上三面围板做窗棂状攒接，围子为圆环形攒接，床面下有罗锅枨，圆形矮老，床顶板下有围挡，中间圆环装饰。整体空灵大气，美观实用。

———— 透视图 ————

主视图

侧视图

俯视图

大國匠造

透视图

主视图

侧视图

俯视图

透视图

床
榻
類

雕龙罗汉床

透视图

款式点评：

　　此罗汉床分三面围板。床面上三面围板，围板浮雕龙纹，床面下短束腰，三弯腿，床下牙板沿为云纹花牙，整体美观大气实用。

主视图

侧视图

俯视图

CAD 结构图

精雕图

154

山 水 罗 汉 床

———— 透视图 ————

款式点评：

此罗汉床三面床帏，围板雕饰山水纹式，床板下有束腰，束腰浮雕回纹，牙板面、腿面均浮雕纹式，方腿直足，造型古朴优美，雕饰精致，给人一种自然优雅、清丽脱俗之感。

主视图

侧视图

俯视图

———— CAD 结构图 ————

床榻類

福禄寿罗汉床

—— 透视图 ——

款式点评：

　　此罗汉床后背板围屏分三块，正中浮雕五福捧寿纹，两侧板浮雕仙鹤、鹿等纹式，侧边围板交后背板低，双面雕饰纹样，床板下有束腰，鼓腿彭牙内翻马蹄足。整体美观大气。

主视图

侧视图

俯视图

———— CAD 结构图 ————

———— 精雕图 ————

花 鸟 罗 汉 床

———— 透视图 ————

款式点评：

此床采用三屏状床帏，罗汉床搭脑处正中向上突起，两侧略低一级，围板雕饰百鸟朝凤，面板下低束腰，鼓腿彭牙，雕饰精美，做工精良，美观耐用。

主视图

侧视图

俯视图

———— CAD 结构图 ————

———— 精雕图 ————

富 贵 大 床

款式点评：

此床造型较方正端庄，床头后连一块板，搭脑圆雕桃形与靠背形，靠背浮雕花纹。床头呈弧形，方便依靠，床头板雕有花开富贵纹式。床尾床侧面板上均雕刻花纹。床头板雕有花开富贵纹式。床尾床侧面板上均雕刻花纹。床头柜圆角喷出，面下有三屉，屉脸雕有卷草纹。整体大气、美观。

透视图

主视图

侧视图

俯视图

透视图

主视图

侧视图

俯视图

透视图

床榻類

167

CAD 结构图

精雕图

CAD 结构图

床榻类

贵　　妃　　床

款式点评：

此贵妃床造型精巧，床头板后倾斜，搭脑向外卷，正面靠板浮雕蝙蝠与花鸟纹式，床尾为圆形拱起，侧面浮雕纹式，面下牙板镂雕回纹与蝙蝠纹，腿面上浮雕花纹，脚下有托泥。整体雕饰精巧大气美观。

透视图

主视图

俯视图

2104

778

50

336

46

99   1484   99

—— CAD 结构图 ——

—— 精雕图 ——

床

榻

類

海峡卷书罗汉床

款式点评：

罗汉床靠背板上搭脑呈卷书状，靠背板浮雕纹式，正中靠背两侧小靠板上端搭脑处做如意造型。罗汉床侧板内外浮雕纹式，床面板下有短束腰，束腰面浮雕回纹，腿上部弧形膨出，下部向内微收。腿下有脚垫。有双脚踏。整体大气美观，充满贵气。

透视图

———— 透视图 ————

俯视图

侧视图

主视图

俯视图

侧视图

───── 透视图 ─────

—————— CAD 结构图 ——————

———— CAD 结构图 ————

———— 精雕图 ————

床榻类

179

海峡莲花高低床

款式点评：

此床整体雕饰十分丰富，床头部分圆雕莲花纹式。床头靠背分三块，分别浮雕园林风光纹式，床头柜上两小侧板外弧部分圆雕花纹，屏板浮雕园林风光纹式。床板光素，床尾无挡板，床板下束腰分块浮雕花纹。方腿直足，牙板面浮雕花纹。床头柜面下有一屉。屉下有柜，柜面浮雕花纹。整体雕饰精巧华丽美观。

透視圖

主视图

俯视图

侧视图

透视图

主视图

侧视图

俯视图

透视图

——— CAD 结构图 ———

——— 精雕图 ———

床榻類

喜 鹊 大 床

款式点评：

此床靠背板上部浮雕葡萄雀鸟纹式，靠背板边沿雕刻花纹，床头靠板向后倾斜，靠板面浮雕喜鹊纹式。床板光素，床尾挡板浮雕喜鹊登枝图。床板下挡板浮雕纹式，床头柜下有两屉，大床雕饰精巧整体美观实用。

透视图

主视图

俯视图

侧视图

透视图

主视图

侧视图

俯视图

透视图

189

———— CAD 结构图 ————

CAD 结构图

精雕图

CAD 结构图

床榻類

花 鸟 罗 汉 床

——— 透视图 ———

款式点评：

此罗汉床搭脑正中向上突起，靠背板浮雕花鸟纹式，两个侧板做双面浮雕，均雕饰花鸟纹。床面下短束腰，鼓腿彭牙，整体美观精致。

主视图

俯视图

侧视图

———— CAD 结构图 ————

———— 精雕图 ————

葡 萄 罗 汉 床

透视图

款式点评：

此罗汉床靠背板分成三块，靠背板上浮雕葡萄纹式，
两侧板均雕饰葡萄藤纹样，面下束腰，束腰上有圆环
雕饰，牙板向外膨出，腿足内卷。显得华丽而清新脱
俗，款式形态更耐人寻味。

主视图

俯视图

侧视图

—————— CAD 结构图 ——————

—————— 精雕图 ——————

回形山水罗汉床

款式点评：

此罗汉床整体雕饰十分丰富，靠背板由回形框和雕饰山水纹式的背板组成。床板下短束腰，牙板与腿面浮雕花纹，牙板正中垂洼堂肚，腿内卷，腿下有托泥，托泥下有托泥脚。整体雕饰精巧华丽美观。

透视图

主视图

俯视图

侧视图

炕桌透视图

主视图

俯视图

侧视图

——————— CAD 结构图 ———————

—— CAD 结构图 ——

—— 精雕图 ——

檀　　雕　　床

款式点评：

此床床头靠背板浮雕莲花纹式，床头搭脑向上凸起，边框做回纹状卷曲。床板光素，床尾板较短，浮雕花鸟纹式，方腿直足，牙板腿面浮雕纹式，床头柜方正，面下有一屉，屉下有柜。整体简洁大方。美观实用。

透视图

主视图

俯视图

侧视图

透视图

主视图

侧视图

俯视图

透视图

———— CAD 结构图 ————

—— 精雕图 ——

—— CAD 结构图 ——

床榻類

万 紫 千 红 大 床

款式点评：

此床床头搭脑正中向上凸起，床靠背板两侧有立柱，立柱上端有圆雕装饰，靠背板分成若干块，每块浮雕花鸟人物等纹式。床尾有挡板，挡板浮雕莲花仙鹤纹式。床头柜有两屉，屉面浮雕童子纹式。整体雕工精巧，华丽美观。

透视图

主视图

侧视图

俯视图

透视图

主视图

俯视图

侧视图

CAD 结构图

2620

40

798

2053

90

890

90

1800

—— CAD 结构图 ——

—— 精雕图 ——

床榻類

风　光　大　床

款式点评：

此床靠背板浮雕风光图景，靠背板由两侧向中间递次升高。床板光素，床板下有束腰造型，束腰面分若干板块，浮雕园林风景图。牙板与腿均浮雕纹式。床头柜有两屉，屉面浮雕莲花纹式。整体雕饰精美，华丽大气。

—— 透视图 ——

主视图

俯视图

侧视图

大國匠造

透视图

主视图

侧视图

俯视图

透视图

—————— CAD 结构图 ——————

精雕图

CAD 结构图

条 子 大 床

款式点评：

此床床头板为梳条状，显得空灵通透，床面宽阔，床尾设挡板，挡板透空处理。床尾正面为梳条状。床头柜面下有两屉，屉面有拉手，整体简洁通透。

透视图

—— 透视图 ——

—— CAD 结构图 ——

主视图

俯视图

侧视图

225

———— CAD 结构图 ————

———— CAD 结构图 ————

主视图

侧视图

俯视图

透视图

园林风光大床

款式点评：

此床搭脑向上突起，床头板宽阔，靠背板浮雕园林风光。靠背板两侧另有短板。板上有浮雕，床板宽阔光素，床面宽阔，床尾不设挡板。方腿足内卷。床头柜面下有两屉，屉面柜面浮雕纹式。整体豪华大气。

透视图

大
國
匠
造

主视图

侧视图

俯视图

透视图

主视图

俯视图

侧视图

床榻类

———— 精雕图 ————

———— CAD 结构图 ————

附：明清宫廷府邸古典家具图录
（含部分新古典家具款式）

床榻类

床榻历史悠久，种类繁多，按材质大致可分为两类：一类为珍贵硬质木材所制，如黄花梨、紫檀；另一类为白木材质，此类床榻或髹漆、或贴金、或镶嵌。

历史可追溯至神农氏时代，那时还只是专供休息与待客所用的坐具，直到六朝以后才出现高足坐卧具。"床"与"榻"在席地而坐的时代，是有分工的。床体较大，可为坐具，也为卧具；榻体较小，只用于坐具。

魏晋南北朝以后，榻体增大，床与榻同样担负着坐卧两种功能，因而也就难以截然分清了。习惯上认为：床不仅长，而且宽，主要为卧具。榻身窄而长，可坐可卧。

床榻类主要有：拔步床、架子床、罗汉榻、罗汉床、贵妃榻。

名称：罗汉床

名称：群狮共舞罗汉床

名称：素面罗汉床

名称：百鸟朝凤罗汉床

名称：罗汉床

名称：素面罗汉床

名称：五福罗汉床

名称：山水如意罗汉床

名称：事事如意罗汉床

名称：明式罗汉床

名称：罗汉床

名称：罗汉床

名称：罗汉床

名称：罗汉床

名称：罗汉床

名称：罗汉床

名称：罗汉床

名称：山水罗汉床

名称：花鸟罗汉床

名称：罗汉床

床榻類

名称：罗汉床

名称：罗汉床

名称：罗汉床

名称：罗汉床

名称：罗汉床

名称：罗汉床

名称：罗汉床

名称：罗汉床

名称：罗汉床

名称：罗汉床

名称：罗汉床

名称：罗汉床

名称：罗汉床

名称：罗汉床

名称：罗汉床

名称：罗汉床

名称：罗汉床

名称：罗汉床

名称：罗汉床

名称：罗汉床

床榻類

237

名称：罗汉床

名称：罗汉床

名称：罗汉床

名称：罗汉床

名称：罗汉床

名称：罗汉床

名称：罗汉床

名称：罗汉床

名称：罗汉床

名称：罗汉床

名称：罗汉床

名称：罗汉床

名称：罗汉床

名称：罗汉床

名称：罗汉床

名称：罗汉床

名称：罗汉床

名称：罗汉床

名称：罗汉床

名称：罗汉床

床榻類

239

名称：罗汉床

名称：罗汉床

名称：罗汉床

名称：罗汉床

名称：罗汉床

名称：罗汉床

名称：罗汉床

名称：罗汉床

名称：罗汉床

名称：罗汉床

名称：罗汉床

名称：舞狮罗汉床

名称：杨花罗汉床

名称：罗汉床

名称：明式罗汉床

名称：罗汉床

名称：罗汉床

名称：罗汉床

名称：罗汉床

名称：罗汉床

名称：春秋罗汉床

名称：罗汉床

名称：罗汉床

名称：曲尺罗汉床

名称：梳子罗汉床

名称：汉典罗汉床

名称：罗汉床

名称：梳子罗汉床

名称：百子罗汉床

名称：罗汉床

名称：罗汉床

名称：百福罗汉床

名称：罗汉床

名称：百福罗汉床

名称：罗汉床

名称：秦汉罗汉床

名称：汉宫春晓罗汉床

名称：罗汉床

名称：百鸟朝凤罗汉床

床榻類

243

名称：事事如意罗汉床

名称：罗汉床

名称：事事如意罗汉床

名称：罗汉床

名称：罗汉床

名称：罗汉床

名称：群仙贺寿罗汉床

名称：花鸟罗汉床

名称：花鸟罗汉床

名称：花鸟罗汉床

名称：素面罗汉床

名称：宝座罗汉床

名称：贵妃榻

名称：五福贵妃榻

名称：龙凤贵妃榻

名称：贵妃榻

名称：贵妃榻

名称：贵竹贵妃榻

名称：贵妃榻

名称：鸳鸯贵妃榻

床榻类

名称：贵妃榻

名称：花瓶贵妃榻

名称：贵妃榻

名称：贵妃榻

名称：贵妃榻

名称：贵妃榻

名称：贵妃榻

名称：贵妃榻

名称：贵妃榻

名称：龙凤呈祥大床

名称：草龙架子床

名称：花鸟架子床

名称：架子床

名称：梳子架子床

名称：君子架子床

名称：龙柱架子床

名称：千工拔步床

名称：明式架子床

名称：曲尺架子床

名称：梅兰竹菊架子床

名称：杨花纹架子床

名称：松鹤延年架子床

名称：梅兰竹菊架子床

名称：梅花拔步床

名称：拔步床

名称：梅花拔步床

名称：梅花架子床

名称：曲尺架子床

床榻類

名称：君子兰大床

名称：园林风光大床

名称：哥特式大床

名称：梅花床

名称：四季平安大床

名称：大床

名称：山水床

名称：暖春大床

名称：龙珠大床

名称：仙女床

名称：龙床

名称：哥特式大床

名称：大床

名称：牡丹床

名称：腾云大床

名称：园林风光床

名称：曲尺大床

名称：山水大床

名称：百鸟床

名称：山水如意床

名称：十全十美床

名称：梳子大床

名称：哥特式梅花床

名称：鸳鸯团圆大床

名称：渔樵耕读大床

名称：大床

名称：高背大床

名称：大床

名称：松鹤百子床

名称：百子床

名称：大床

名称：大床

名称：大床

名称：大床

名称：百花齐放大床

名称：大床

名称：龙床

名称：大床

名称：真龙大床

名称：百鸟朝凤大床

床榻類

名称：百子床

名称：百年好合大床

名称：玫瑰床

名称：百福床

名称：高低床

名称：花开富贵床

名称：大床

名称：大床

名称：大床

名称：大床

名称：大床

名称：大床

名称：大床

名称：大床

名称：大床

名称：大床

名称：大床

名称：大床

名称：大床

名称：大床

床榻類

255

名称：大床

名称：大床

名称：大床

名称：大床

名称：大床

名称：大床

名称：大床

名称：大床

名称：大床

名称：大床